AF462943

TARIF

DES

CÉRÉALES,

D'après la loi du 4 Juillet 1837,

DEPUIS 1 FRANC JUSQU'A 50 FR. L'HECTOLITRE.

NOMS

Des Poids et Mesures et leurs valeurs,

rendus obligatoires depuis le 1er Janvier 1840.

CE TARIF, DESTINÉ A FACILITER L'EXÉCUTION DE LA LOI, EST ACCOMPAGNÉ D'UN TABLEAU DES NOUVEAUX POIDS ET MESURES, ET SUIVI DE L'ÉNUMÉRATION DE SOIXANTE CHIFFRES.

> Le travail et la science font la fortune de l'homme. L'activité procure le bonheur.

Par J.-P. HERBIN, ancien marchand de grains.

PRIX : 1 FR. 25 CENT., BROCHÉ.

1840.

...eims, chez A. MACHET, Imprimeur-Libraire.

TARIF
DES
CÉRÉALES,
D'après la loi du 4 Juillet 1837,

DEPUIS 1 FRANC JUSQU'A 50 FR. L'HECTOLITRE.

NOMS

Des Poids et Mesures et leurs valeurs,

rendus obligatoires depuis le 1er Janvier 1840.

CE TARIF, DESTINÉ A FACILITER L'EXÉCUTION DE LA LOI, EST ACCOMPAGNÉ D'UN TABLEAU DES NOUVEAUX POIDS ET MESURES, ET SUIVI DE L'ÉNUMÉRATION DE SOIXANTE CHIFFRES.

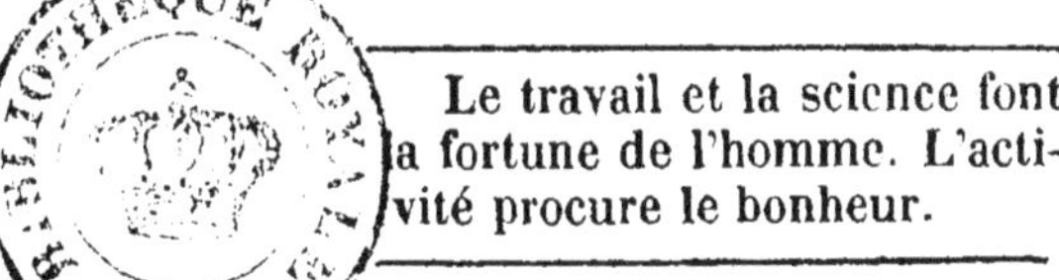

Le travail et la science font la fortune de l'homme. L'activité procure le bonheur.

Par J.-P. HERBIN, ancien marchand de grains.

PRIX : 1 FR. 25 CENT., BROCHÉ.

1840.

A Rheims, chez A. MACHET, Imprimeur-Libraire.

Rheims, Imp. de A. MACHET.

AVERTISSEMENT.

En offrant cet opuscule au public, je n'ai pas la prétention de me produire comme un savant, car rien n'est plus simple que mon travail ; c'est seulement une œuvre de patience, fruit des veillées d'hiver. J'ai compris que l'homme de la campagne, livré tout entier à la culture de ses terres, ne pouvait donner la moindre partie de son temps à l'étude du calcul, science utile à tous, et d'une indispensable nécessité pour l'habitant des campagnes, dont tout le commerce consiste dans la vente de ses denrées ; aussi, ai-je voulu faire de cet ouvrage une spécialité.

J'espère qu'il sera facile au lecteur de saisir et de comprendre, au premier aperçu, la somme qu'il devra recevoir ou payer dans la vente ou l'achat d'un hectolitre ou d'un litre de grain, ou de liquide. Il y aura donc pour lui, dont les heures sont si précieuses, économie de temps, et n'aurai. je obtenu que ce résultat, que je serais encore heureux d'avoir consacré mes loisirs à un travail sans importance, je le sais, mais qui sera je l'espère de quelque utilité à mes concitoyens.

HERBIN.

EXTRAIT
Du Bulletin des Lois.

Loi relative aux Poids et Mesures.

ARTICLE 1er.

Le décret du 12 Février 1812, concernant les poids et mesures, est et demeure abrogé.

ARTICLE 2.

A partir du 1er Janvier 1840, tous poids et mesures autres que les poids et mesures établis par les lois des 18 germinal an III, et 19 frimaire an VIII, constitutives du système métrique décimal, seront interdits sous les peines portées par l'article 479 du code pénal.

ARTICLE 4.

Ceux qui auront des poids et mesures autres que les poids et mesures ci-dessus reconnus, dans leurs magasins, boutiques, ateliers ou maisons de commerce, ou dans les halles, foires ou marchés, seront punis comme ceux qui les emploieront, conformément à l'article 479 du code pénal.

Article 5.

A compter de la même époque, toutes dénominations de poids et mesures autres que celles portées dans le tableau annexé à la présente loi, et établies par la loi du 18 germinal an III, seront interdites dans les actes publics, ainsi que dans les affiches et les annonces.

Elles seront également interdites dans les actes sous-seing-privé, les registres de commerce et autres écritures privées produites en justice.

Les officiers publics contrevenants seront passibles d'une amende de vingt francs, qui sera recouvrée sur contrainte, comme en matière d'enregistrement.

L'amende sera de dix francs pour les autres contrevenants, elle sera perçue pour chaque acte ou écriture sous signature privée ; quant aux registres de commerce, ils ne donneront lieu qu'à une seule amende pour chaque contestation dans laquelle ils seront produits.

Article 6.

Il est defendu aux juges et arbitres de rendre aucun jugement ou décision en faveur des particuliers sur des actes, registres ou écrits dans lesquels les dénominations interdites par l'article précédent auraient été insérées avant que les amendes encourues aux termes dudit article, aient été payées.

NOMS SYSTÉMATIQUES.	VALEUR.
Mesures de longueur.	
Myriamètre.	Dix mille mètres.
Kilomètre.	Mille mètres.
Hectomètre.	Cent mètres.
Décamètre.	Dix mètres.
Mètre.	Unité fondamentale des poids et mesures. (Dix millionnième partie du quart du méridien terrestre.)
Décimètre.	Dixième du mètre.
Centimètre.	Centième du mètre.
Millimètre.	Millième du mètre.
Mesures agraires.	
Hectare.	Cent ares, ou dix mille mètres carrés.
Are.	Cent mètres carrés, carrés de dix mètres de côté.
Centiare.	Centième de l'are, ou mètre carré.
Mesures de capacités pour les liquides et les matières sèches.	
Kilolitre.	Mille litres.

NOMS SYSTÉMATIQUES.	VALEUR.
Hectolitre.	Cent litres.
Décalitre.	Dix litres.
Litre.	Décimètre cube.
Décilitre.	Dixième du litre.
Mesures de solidité.	
Décastère.	Dixième du stère.
Poids.	Mille grammes, poids du mètre cube d'eau et du tonneau de mer.
	Cent kilogrammes, quintal métrique.
Kilogramme.	Mille grammes, poids dans le vide d'un décimètre cube d'eau distillée à la température de 4 degrés centigrades.
Hectogramme.	Cent grammes.
Décagramme.	Dix grammes.
Gramme.	Poids d'un centimètre cube d'eau à quatre degrés centigrades.
Décigramme.	Dixième du gramme.
Centigramme.	Centième du gramme.
Milligramme.	Millième du gramme.

NOMS SYSTÉMATIQUES.	VALEUR.
Monnaie.	
Franc.	Cinq grammes d'argent au titre de 9 dixièmes de fin.
Décime.	Dixième du franc.
Centime.	Centième du franc.

De 1 franc à 1 franc 95 centimes l'hectolitre.

Hect. ou 100 Litres	Demi-Hect. ou 50 Litres	Doub^e Déca. ou 20 Litres	Déca. ou 10 Litres	Demi-Déca. ou 5 Litres	Litre ou 10 Décil.
FR. C.	FR. C.	FR. C.	FR. C.	FR. C.	FR. C.
1 00	50	20	10	5	1
1 05	52	21	10	5	1
1 10	55	22	11	5	1
1 15	57	23	11	5	1
1 20	60	24	12	6	1
1 25	62	25	12	6	1
1 30	65	26	13	6	1
1 35	67	27	13	6	1
1 40	70	28	14	7	1
1 45	72	29	14	7	1
1 50	75	30	15	7	1
1 55	77	31	15	7	1
1 60	80	32	16	8	1
1 65	82	33	16	8	1
1 70	85	34	17	8	1
1 75	87	35	17	8	1
1 80	90	36	18	9	1
1 85	92	37	18	9	1
1 90	95	38	19	9	1
1 95	97	39	19	9	1

De 2 francs à 2 francs 95 centimes l'hectolitre.

Hect. ou 100 Litres		Demi-Hect. ou 50 Litres		Doub^e Déca. ou 20 Litres		Déca. ou 10 Litres		Demi-Déca. ou 5 Litres		Litre ou 10 Décil.	
FR.	C.	FR.	C.	FR.	C.	FR.	C.	FR.	C.	FR.	C.
2	00	1	00		40		20		10		2
2	05	1	02		41		20		10		2
2	10	1	05		42		21		10		2
2	15	1	07		43		21		10		2
2	20	1	10		44		22		11		2
2	25	1	12		45		22		11		2
2	30	1	15		46		23		11		2
2	35	1	17		47		23		11		2
2	40	1	20		48		24		12		2
2	45	1	22		49		24		12		2
2	50	1	25		50		25		12		2
2	55	1	27		51		25		12		2
2	60	1	30		52		26		13		2
2	65	1	32		53		26		13		2
2	70	1	35		54		27		13		2
2	75	1	37		55		27		13		2
2	80	1	40		56		28		14		2
2	85	1	42		57		28		14		2
2	90	1	45		58		29		14		2
2	95	1	47		59		29		14		2

De 3 francs à 3 francs 95 centimes l'hectolitre.

Hect. ou 100 Litres		Demi-Hect. ou 50 Litres		Doub^e Déca. ou 20 Litres		Déca. ou 10 Litres		Demi-Déca. ou 5 Litres		Litre ou 10 Décil.	
FR.	C.	FR.	C.	FR.	C.	FR.	C.	FR.	C.	FR.	C.
3	00	1	50		60		30		15		3
3	05	1	52		61		30		15		3
3	10	1	55		62		31		15		3
3	15	1	57		63		31		13		3
3	20	1	60		64		32		16		3
3	25	1	62		65		32		16		3
3	30	1	65		66		33		16		3
3	35	1	67		67		33		16		3
3	40	1	70		68		34		17		3
3	45	1	72		69		34		17		3
3	50	1	75		70		35		17		3
3	55	1	77		71		35		17		3
3	60	1	80		72		36		18		3
3	65	1	82		73		36		18		3
3	70	1	85		74		37		18		3
3	75	1	87		75		37		18		3
3	80	1	90		76		38		19		3
3	85	1	92		77		38		19		3
3	90	1	95		78		39		19		3
3	95	1	97		79		39		19		3

De 4 francs à 4 francs 95 centimes l'hectolitre.

Hect. ou 100 Litres		Demi-Hect. ou 50 Litres		Doub^e Déca. ou 20 Litres		Déca. ou 10 Litres		Demi-Déca. ou 5 Litres		Litre ou 10 Décil.	
FR.	C.	FR.	C.	FR.	C.	FR.	C.	FR.	C.	FR.	C.
4	00	2	00		80		40		20		4
4	05	2	02		81		40		20		4
4	10	2	05		82		41		20		4
4	15	2	07		83		41		20		4
4	20	2	10		84		42		21		4
4	25	2	12		85		42		21		4
4	30	2	15		86		43		21		4
4	35	2	17		87		43		21		4
4	40	2	20		88		44		22		4
4	45	2	22		89		44		22		4
4	50	2	25		90		45		22		4
4	55	2	27		91		45		22		4
4	60	2	30		92		46		23		4
4	65	2	32		93		46		23		4
4	70	2	35		94		47		23		4
4	75	2	37		95		47		23		4
4	80	2	40		96		48		24		4
4	85	2	42		97		48		24		4
4	90	2	45		98		49		24		4
4	95	2	47		99		49		24		4

De 5 francs à 5 francs 95 centimes l'hectolitre.

Hect. ou 100 Litres	Demi-Hect. ou 50 Litres	Doub^e Déca. ou 20 Litres	Déca. ou 10 Litres	Demi-Déca. ou 5 Litres	Litre ou 10 Décil.
FR. C.	FR. C.	FR. C.	FR. C.	FR. C.	FR. C.
5 00	2 50	1 00	50	25	5
5 05	2 52	1 01	50	25	5
5 10	2 55	1 02	51	25	5
5 15	2 57	1 03	51	25	5
5 20	2 60	1 04	52	26	5
5 25	2 62	1 05	52	26	5
5 30	2 65	1 06	53	26	5
5 35	2 67	1 07	53	26	5
5 40	2 70	1 08	54	27	5
5 45	2 72	1 09	54	27	5
5 50	2 75	1 10	55	27	5
5 55	2 77	1 11	55	27	5
5 60	2 80	1 12	56	28	5
5 65	2 82	1 13	56	28	5
5 70	2 85	1 14	57	28	5
5 75	2 87	1 15	57	28	5
5 80	2 90	1 16	58	29	5
5 85	2 92	1 17	58	29	5
5 90	2 95	1 18	59	29	5
5 95	2 97	1 19	59	29	5

De 6 francs à 6 francs 95 centimes l'hectolitre.

Hect. ou 100 Litres	Demi-Hect. ou 50 Litres	Doubᵉ Déca. ou 20 Litres	Déca. ou 10 Litres	Demi-Déca. ou 5 Litres	Litre ou 10 Décil.
FR. C.	FR. C.	FR. C.	FR. C.	FR. C.	FR. C.
6 00	3 00	1 20	60	30	6
6 05	3 02	1 21	60	30	6
6 10	3 05	1 22	61	30	6
6 15	3 07	1 23	61	30	6
6 20	3 10	1 24	62	31	6
6 25	3 12	1 25	62	31	6
6 30	3 15	1 26	63	31	6
6 35	3 17	1 27	63	31	6
6 40	3 20	1 28	64	32	6
6 45	3 22	1 29	64	32	6
6 50	3 25	1 30	65	32	6
6 55	5 27	1 31	65	32	6
6 60	3 30	1 32	66	33	6
6 65	3 32	1 33	66	33	6
6 70	3 35	1 34	67	33	6
6 75	3 37	1 35	67	33	6
6 80	3 40	1 36	68	34	6
6 85	3 42	1 37	68	34	6
6 90	3 45	1 38	69	34	6
6 95	3 47	1 39	69	34	6

De 7 francs à 7 francs 95 centimes l'hectolitre.

Hect. ou 100 Litres		Demi-Hect. ou 50 Litres		Doub^e Déca. ou 20 Litres		Demi-Déca. ou 10 Litres		Déca. ou 5 Litres		Litre ou 10 Décil.	
FR.	C.	FR.	C.	FR.	C.	FR.	C.	FR.	C.	FR.	C.
7	00	3	50	1	40		70		35		7
7	05	3	52	1	41		70		35		7
7	10	3	55	1	42		71		35		7
7	15	3	57	1	43		71		35		7
7	20	3	60	1	44		72		36		7
7	25	3	62	1	45		72		36		7
7	30	3	65	1	46		73		36		7
7	35	3	67	1	47		73		36		7
7	40	3	70	1	48		74		37		7
7	45	3	72	1	49		74		37		7
7	50	3	75	1	50		75		37		7
7	55	3	77	1	51		75		37		7
7	60	3	80	1	52		76		38		7
7	65	3	82	1	53		76		38		7
7	70	3	85	1	54		77		38		7
7	75	3	87	1	55		77		38		7
7	80	3	90	1	56		78		39		7
7	85	3	92	1	57		78		39		7
7	90	3	95	1	58		79		39		7
7	95	3	97	1	59		79		39		7

De 8 francs à 8 francs 95 centimes l'hectolitre.

Hect. ou 100 Litres	Demi-Hect. ou 50 Litres	Doub^e Déca. ou 20 Litres	Déca. ou 10 Litres	Demi-Déca. ou 5 Litres	Litre ou 10 Décil.
FR. C.	FR. C.	FR. C.	FR. C.	FR. C.	FR. C.
8 00	4 00	1 60	80	40	8
8 05	4 02	1 61	80	40	8
8 10	4 05	1 62	81	40	8
8 15	4 07	1 63	81	40	8
8 20	4 10	1 64	82	41	8
8 25	4 12	1 65	82	41	8
8 30	4 15	1 66	83	41	8
8 35	4 17	1 67	83	41	8
8 40	4 20	1 68	84	42	8
8 45	4 22	1 69	84	42	8
8 50	4 25	1 70	85	42	8
8 55	4 27	1 71	85	42	8
8 60	4 30	1 72	86	43	8
8 65	4 32	1 73	86	43	8
8 70	4 35	1 74	87	43	8
8 75	4 37	1 75	87	43	8
8 80	4 40	1 76	88	44	8
8 85	4 42	1 77	88	44	8
8 90	4 45	1 78	89	44	8
8 95	4 47	1 79	89	44	8

De 9 francs à 9 francs 95 centimes l'hectolitre.

Hect. ou 100 Litres		Demi-Hect. ou 50 Litres		Doub^e Déca. ou 20 Litres		Déca. ou 10 Litres		Demi-Déca. ou 5 Litres		Litre ou 10 Décil.	
FR.	C.	FR.	C.	FR.	C.	FR.	C.	FR.	C.	FR.	C.
9	00	4	50	1	80		90		45		9
9	05	4	52	1	81		90		45		9
9	10	4	55	1	82		91		45		9
9	15	4	57	1	83		91		45		9
9	20	4	60	1	84		92		46		9
9	25	4	62	1	85		92		46		9
9	30	4	65	1	86		93		46		9
9	35	4	67	1	87		93		46		9
9	40	4	70	1	88		94		47		9
9	45	4	72	1	89		94		47		9
9	50	4	75	1	90		95		47		9
9	55	4	77	1	91		95		47		9
9	60	4	80	1	92		96		48		9
9	65	4	82	1	93		96		48		9
9	70	4	85	1	94		97		48		9
9	75	4	87	1	95		97		48		9
9	80	4	90	1	96		98		49		9
9	85	4	92	1	97		98		49		9
9	90	4	95	1	98		99		49		9
9	95	4	97	1	99		99		49		9

De 10 francs à 10 francs 95 centimes l'hectolitre.

Hect. ou 100 Litres		Demi-Hect. ou 50 Litres		Doub^e Déca. ou 20 Litres		Déca. ou 10 Litres		Demi-Déca. ou 5 Litres		Litre ou 10 Décil.	
FR.	C.	FR.	C.	FR.	C.	FR.	C.	FR.	C.	FR.	C.
10	00	5	00	2	00	1	00		50		10
10	05	5	02	2	01	1	00		50		10
10	10	5	05	2	02	1	01		50		10
10	15	5	07	2	03	1	01		50		10
10	20	5	10	2	04	1	02		51		10
10	25	5	12	2	05	1	02		51		10
10	30	5	15	2	06	1	03		51		10
10	35	5	17	2	07	1	03		51		10
10	40	5	20	2	08	1	04		52		10
10	45	5	22	2	09	1	04		52		10
10	50	5	25	2	10	1	05		52		10
10	55	5	27	2	11	1	05		52		10
10	60	5	30	2	12	1	06		53		10
10	65	5	32	2	13	1	06		53		10
10	70	5	35	2	14	1	07		53		10
10	75	5	37	2	15	1	07		53		10
10	80	5	40	2	16	1	08		54		10
10	85	5	42	2	17	1	08		54		10
10	90	5	45	2	18	1	09		54		10
10	95	5	47	2	19	1	09		54		10

De 11 francs à 11 francs 95 centimes l'hectolitre.

Hect. ou 100 Litres		Demi-Hect. ou 50 Litres		Doub^e Déca. ou 20 Litres		Déca. ou 10 Litres		Demi-Déca. ou 5 Litres		Litre ou 10 Décil.	
FR.	C.	FR.	C.	FR.	C.	FR.	C.	FR.	C.	FR.	C.
11	00	5	50	2	20	1	10		55		11
11	05	5	52	2	21	1	10		55		11
11	10	5	55	2	22	1	11		55		11
11	15	5	57	2	23	1	11		55		11
11	20	5	60	2	24	1	12		56		11
11	25	5	62	2	25	1	12		56		11
11	30	5	65	2	26	1	13		56		11
11	35	5	67	2	27	1	13		56		11
11	40	5	70	2	28	1	14		57		11
11	45	5	72	2	29	1	14		57		11
11	50	5	75	2	30	1	15		57		11
11	55	5	77	2	31	1	15		57		11
11	60	5	80	2	32	1	16		58		11
11	65	5	82	2	33	1	16		58		11
11	70	5	85	2	34	1	17		58		11
11	75	5	87	2	35	1	17		58		11
11	80	5	90	2	36	1	18		59		11
11	85	5	92	2	37	1	18		59		11
11	90	5	95	2	38	1	19		59		11
11	95	5	97	2	39	1	19		59		11

De 12 francs à 12 francs 95 centimes l'hectolitre.

Hect. ou 100 Litres		Demi-Hect. ou 50 Litres		Doub^e Déca. ou 20 Litres		Déca. ou 10 Litres		Demi-Déca. ou 5 Litres		Litre ou 10 Décil.	
FR.	C.	FR.	C.	FR.	C.	FR.	C.	FR.	C.	FR.	C.
12	00	6	00	2	40	1	20		60		12
12	05	6	02	2	41	1	20		60		12
12	10	6	05	2	42	1	21		60		12
12	15	6	07	2	43	1	21		60		12
12	20	6	10	2	44	1	22		61		12
12	25	6	12	2	45	1	22		61		12
12	30	6	15	2	46	1	23		61		12
12	35	6	17	2	47	1	23		61		12
12	40	6	20	2	48	1	24		62		12
12	45	6	22	2	49	1	24		62		12
12	50	6	25	2	50	1	25		62		12
12	55	6	27	2	51	1	25		62		12
12	60	6	30	2	52	1	26		63		12
12	65	6	32	2	53	1	26		63		12
12	70	6	35	2	54	1	27		63		12
12	75	6	37	2	55	1	27		63		12
12	80	6	40	2	56	1	28		64		12
12	85	6	42	2	57	1	28		64		12
12	90	6	45	2	58	1	29		64		12
12	95	6	47	2	59	1	29		64		12

De 13 francs à 13 francs 95 centimes l'hectolitre.

Hect. ou 100 Litres		Demi-Hect. ou 50 Litres		Doub^e Déca. ou 20 Litres		Déca. ou 10 Litres		Demi-Déca. ou 5 Litres		Litre ou 10 Décil.	
FR.	C.	FR.	C.	FR.	C.	FR.	C.	FR.	C.	FR.	C.
13	00	6	50	2	60	1	30		65		13
13	05	6	52	2	61	1	30		65		13
13	10	6	55	2	62	1	31		65		13
13	15	6	57	2	63	1	31		65		13
13	20	6	60	2	64	1	32		66		13
13	25	6	62	2	65	1	32		66		13
13	30	6	65	2	66	1	33		66		13
13	35	6	67	2	67	1	33		66		13
13	40	6	70	2	68	1	34		67		13
13	45	6	72	2	69	1	34		67		13
13	50	6	75	2	70	1	35		67		13
13	55	6	77	2	71	1	35		67		13
13	60	6	80	2	72	1	36		68		13
13	65	6	82	2	73	1	36		68		13
13	70	6	85	2	74	1	37		68		13
13	75	6	87	2	75	1	37		68		13
13	80	6	90	2	76	1	38		69		13
13	85	6	92	2	77	1	38		69		13
13	90	6	95	2	78	1	39		69		13
13	95	6	97	2	79	1	39		69		13

De 14 francs à 14 francs 95 centimes l'hectolitre.

Hect. ou 100 Litres		Demi-Hect. ou 50 Litres		Doub^{e} Déca. ou 20 Litres		Déca. ou 10 Litres		Demi-Déca. ou 5 Litres		Litre ou 10 Décil.	
FR.	C.	FR.	C.	FR.	C.	FR.	C.	FR.	C.	FR.	C.
14	00	7	00	2	80	1	40		70		14
14	05	7	02	2	81	1	40		70		14
14	10	7	05	2	82	1	41		70		14
14	15	7	07	2	83	1	41		70		14
14	20	7	10	2	84	1	42		71		14
14	25	7	12	2	85	1	42		71		14
14	30	7	15	2	86	1	43		71		14
14	35	7	17	2	87	1	43		71		14
14	40	7	20	2	88	1	44		72		14
14	45	7	22	2	89	1	44		72		14
14	50	7	25	2	90	1	45		72		14
14	55	7	27	2	91	1	45		72		14
14	60	7	30	2	92	1	46		73		14
14	65	7	32	2	93	1	46		73		14
14	70	7	35	2	94	1	47		73		14
14	75	7	37	2	95	1	47		73		14
14	80	7	40	2	96	1	48		74		14
14	85	7	42	2	97	1	48		74		14
14	90	7	45	2	98	1	49		74		14
14	95	7	47	2	99	1	49		74		14

De 15 francs à 15 francs 95 centimes l'hectolitre.

Hect. ou 100 Litres	Demi-Hect. ou 50 Litres	Doub^e Déca. ou 20 Litres	Demi-Déca. ou 10 Litres	Déca. ou 5 Litres	Litre ou 10 Décil.
FR. C.	FR. C.	FR. C.	FR. C.	FR. C.	FR. C.
15 00	7 50	3 00	1 50	75	15
15 05	7 52	3 01	1 50	75	15
15 10	7 55	3 02	1 51	75	15
15 15	7 57	3 03	1 51	75	15
15 20	7 60	3 04	1 52	76	15
15 25	7 62	3 05	1 52	76	15
15 30	7 65	3 06	1 53	76	15
15 35	7 67	3 07	1 53	76	15
15 40	7 70	3 08	1 54	77	15
15 45	7 72	3 09	1 54	77	15
15 50	7 75	3 10	1 55	77	15
15 55	7 77	3 11	1 55	77	15
15 60	7 80	3 12	1 56	78	15
15 65	7 82	3 13	1 56	78	15
15 70	7 85	3 14	1 57	78	15
15 75	7 87	3 15	1 57	78	15
15 80	7 90	3 16	1 58	79	15
15 85	7 92	3 17	1 58	79	15
15 90	7 95	3 18	1 59	79	15
15 95	7 97	3 19	1 59	79	15

De 16 francs à 16 francs 95 centimes l'hectolitre.

Hect. ou 100 Litres		Demi-Hect. ou 50 Litres		Doub^e Déca. ou 20 Litres		Déca. ou 10 Litres		Demi-Déca. ou 5 Litres		Litre ou 10 Décil.	
FR.	C.	FR.	C.	FR.	C.	FR.	C.	FR.	C.	FR.	C.
16	00	8	00	3	20	1	60		80		16
16	05	8	02	3	21	1	60		80		16
16	10	8	05	3	22	1	61		80		16
16	15	8	07	3	23	1	61		80		16
16	20	8	10	3	24	1	62		81		16
16	25	8	12	3	25	1	62		81		16
16	30	8	15	3	26	1	63		81		16
16	35	8	17	3	27	1	63		81		16
16	40	8	20	3	28	1	64		82		16
16	45	8	22	3	29	1	64		82		16
16	50	8	25	3	30	1	65		82		16
16	55	8	27	3	31	1	65		82		16
16	60	8	30	3	32	1	66		83		16
16	65	8	32	3	33	1	66		83		16
16	70	8	35	3	34	1	67		83		16
16	75	8	37	3	35	1	67		83		16
16	80	8	40	3	36	1	68		84		16
16	85	8	42	3	37	1	68		84		16
16	90	8	45	3	38	1	69		84		16
16	95	8	47	3	39	1	69		84		16

De 17 francs à 17 francs 95 centimes l'hectolitre.

Hect. ou 100 Litres		Demi-Hect. ou 50 Litres		Doub^e Déca. ou 20 Litres		Déca. ou 10 Litres		Demi-Déca. ou 5 Litres		Litre ou 10 Décil.	
FR.	C.	FR.	C.	FR.	C.	FR.	C.	FR.	C.	FR.	C.
17	00	8	50	3	40	1	70		85		17
17	05	8	52	3	41	1	70		85		17
17	10	8	55	3	42	1	71		85		17
17	15	8	57	3	43	1	71		85		17
17	20	8	60	3	44	1	72		86		17
17	25	8	62	3	45	1	72		86		17
17	30	8	65	3	46	1	73		86		17
17	35	8	67	3	47	1	73		86		17
17	40	8	70	3	48	1	74		87		17
17	45	8	72	3	49	1	74		87		17
17	50	8	75	3	50	1	75		87		17
17	55	8	77	3	51	1	75		87		17
17	60	8	80	3	52	1	76		88		17
17	65	8	82	3	53	1	76		88		17
17	70	8	85	3	54	1	77		88		17
17	75	8	87	3	55	1	77		88		17
17	80	8	90	3	56	1	78		89		17
17	85	8	92	3	57	1	78		89		17
17	90	8	95	3	58	1	79		89		17
17	95	8	97	3	59	1	79		89		17

De 18 francs à 18 francs 95 centimes l'hectolitre.

Hect. ou 100 Litres		Demi-Hect. ou 50 Litres		Doub.^e Déca. ou 20 Litres		Déca. ou 10 Litres		Demi-Déca. ou 5 Litres		Litre ou 10 Décil.	
FR.	C.	FR.	C.	FR.	C.	FR.	C.	FR.	C.	FR.	C.
18	00	9	00	3	60	1	80		90		18
18	05	9	02	3	61	1	80		90		18
18	10	9	05	3	62	1	81		90		18
18	15	9	07	3	63	1	81		90		18
18	20	9	10	3	64	1	82		91		18
18	25	9	12	3	65	1	82		91		18
18	30	9	15	3	66	1	83		91		18
18	35	9	17	3	67	1	83		91		18
18	40	9	20	3	68	1	84		92		18
18	45	9	22	3	69	1	84		92		18
18	50	9	25	3	70	1	85		92		18
18	55	9	27	3	71	1	85		92		18
18	60	9	30	3	72	1	86		93		18
18	65	9	32	3	73	1	86		93		18
18	70	9	35	3	74	1	87		93		18
18	75	9	37	3	75	1	87		93		18
18	80	9	40	3	76	1	88		94		18
18	85	9	42	3	77	1	88		94		18
18	90	9	45	3	78	1	89		94		18
18	95	9	47	3	79	1	89		94		18

De 19 francs à 19 francs 95 centimes l'hectolitre.

Hect. ou 100 Litres	Demi-Hect. ou 50 Litres	Doub^e Déca. ou 20 Litres	Déca. ou 10 Litres	Demi-Déca. ou 5 Litres	Litre ou 10 Décil.
FR. C.	FR. C.	FR. C.	FR. C.	FR. C.	FR. C.
19 00	9 50	3 80	1 90	95	19
19 05	9 52	3 81	1 90	95	19
19 10	9 55	3 82	1 91	95	19
19 15	9 57	3 83	1 91	95	19
19 20	9 60	3 84	1 92	96	19
19 25	9 62	3 85	1 92	96	19
19 30	9 65	3 86	1 93	96	19
19 35	9 67	3 87	1 93	96	19
19 40	9 70	3 88	1 94	97	19
19 45	9 72	3 89	1 94	97	19
19 50	9 75	3 90	1 95	97	19
19 55	9 77	3 91	1 95	97	19
19 60	9 80	3 92	1 96	98	19
19 65	9 82	3 93	1 96	98	19
19 70	9 85	3 94	1 97	98	19
19 75	9 87	3 95	1 97	98	19
19 80	9 90	3 96	1 98	99	19
19 85	9 92	3 97	1 98	99	19
19 90	9 95	3 98	1 99	99	19
19 95	9 97	3 99	1 99	99	19

De 20 francs à 20 francs 95 centimes l'hectolitre.

Hect. ou 100 Litres		Demi-Hect. ou 50 Litres		Doub^e Déca. ou 20 Litres		Déca. ou 10 Litres		Demi-Déca. ou 5 Litres		Litre ou 10 Décil.	
FR.	C.	FR.	C.	FR.	C.	FR.	C.	FR.	C.	FR.	C.
20	00	10	00	4	00	2	00	1	00		20
20	05	10	02	4	01	2	00	1	00		20
20	10	10	05	4	02	2	01	1	00		20
20	15	10	07	4	03	2	01	1	00		20
20	20	10	10	4	04	2	02	1	01		20
20	25	10	12	4	05	2	02	1	01		20
20	30	10	15	4	06	2	03	1	01		20
20	35	10	17	4	07	2	03	1	01		20
20	40	10	20	4	08	2	04	1	02		20
20	45	10	22	4	09	2	04	1	02		20
20	50	10	25	4	10	2	05	1	02		20
20	55	10	27	4	11	2	05	1	02		20
20	60	10	30	4	12	2	06	1	03		20
20	65	10	32	4	13	2	06	1	03		20
20	70	10	35	4	14	2	07	1	03		20
20	75	10	37	4	15	2	07	1	03		20
20	80	10	40	4	16	2	08	1	04		20
20	85	10	42	4	17	2	08	1	04		20
20	90	10	45	4	18	2	09	1	04		20
20	95	10	47	4	19	2	09	1	04		20

De 21 francs à 21 francs 95 centimes l'hectolitre.

Hect. ou 100 Litres		Demi-Hect. ou 50 Litres		Doub^e Déca. ou 20 Litres		Déca. ou 10 Litres		Demi-Déca. ou 5 Litres		Litre ou 10 Décil.	
FR.	C.	FR.	C.	FR.	C.	FR.	C.	FR.	C.	FR.	C.
21	00	10	50	4	20	2	10	1	05		21
21	05	10	52	4	21	2	10	1	05		21
21	10	10	55	4	22	2	11	1	05		21
21	15	10	57	4	23	2	11	1	05		21
21	20	10	60	4	24	2	12	1	06		21
21	25	10	62	4	25	2	12	1	06		21
21	30	10	65	4	26	2	13	1	06		21
21	35	10	67	4	27	2	13	1	06		21
21	40	10	70	4	28	2	14	1	07		21
21	45	10	72	4	29	2	14	1	07		21
21	50	10	75	4	30	2	15	1	07		21
21	55	10	77	4	31	2	15	1	07		21
21	60	10	80	4	32	2	16	1	08		21
21	65	10	82	4	33	2	16	1	08		21
21	70	10	85	4	34	2	17	1	08		21
21	75	10	87	4	35	2	17	1	08		21
21	80	10	90	4	36	2	18	1	09		21
21	85	10	92	4	37	2	18	1	09		21
21	90	10	95	4	38	2	19	1	09		21
21	95	10	97	4	39	2	19	1	09		21

De 22 francs à 22 francs 95 centimes l'hectolitre.

Hect. ou 100 Litres		Demi-Hect. ou 50 Litres		Doub^e Déca. ou 20 Litres		Déca. ou 10 Litres		Demi-Déca. ou 5 Litres		Litre ou 10 Décil.	
FR.	C.	FR.	C.	FR.	C.	FR.	C.	FR.	C.	FR.	C.
22	00	11	00	4	40	2	20	1	10		22
22	05	11	02	4	41	2	20	1	10		22
22	10	11	05	4	42	2	21	1	10		22
22	15	11	07	4	43	2	21	1	10		22
22	20	11	10	4	44	2	22	1	11		22
22	25	11	12	4	45	2	22	1	11		22
22	30	11	15	4	46	2	23	1	11		22
22	35	11	17	4	47	2	23	1	11		22
22	40	11	20	4	48	2	24	1	12		22
22	45	11	22	4	49	2	24	1	12		22
22	50	11	25	4	50	2	25	1	12		22
22	55	11	27	4	51	2	25	1	12		22
22	60	11	30	4	52	2	26	1	13		22
22	65	11	32	4	53	2	26	1	13		22
22	70	11	35	4	54	2	27	1	13		22
22	75	11	37	4	55	2	27	1	13		22
22	80	11	40	4	56	2	28	1	14		22
22	85	11	42	4	57	2	28	1	14		22
22	90	11	45	4	58	2	29	1	14		22
22	95	11	47	4	59	2	29	1	14		22

De 23 francs à 23 francs 95 centimes l'hectolitre.

Hect. ou 100 Litres		Demi-Hect. ou 50 Litres		Doub^e Déca. ou 20 Litres		Demi-Déca. ou 10 Litres		Déca. ou 5 Litres		Litre ou 10 Décil.	
FR.	C.	FR.	C.	FR.	C.	FR.	C.	FR.	C.	FR.	C.
23	00	11	50	4	60	2	30	1	15		23
23	05	11	52	4	61	2	30	1	15		23
23	10	11	55	4	62	2	31	1	15		23
23	15	11	57	4	63	2	31	1	15		23
23	20	11	60	4	64	2	32	1	16		23
23	25	11	62	4	65	2	32	1	16		23
23	30	11	65	4	66	2	33	1	16		23
23	35	11	67	4	67	2	33	1	16		23
23	40	11	70	4	68	2	34	1	17		23
23	45	11	72	4	69	2	34	1	17		23
23	50	11	75	4	70	2	35	1	17		23
23	55	11	77	4	71	2	35	1	17		23
23	60	11	80	4	72	2	36	1	18		23
23	65	11	82	4	73	2	36	1	18		23
23	70	11	85	4	74	2	37	1	18		23
23	75	11	87	4	75	2	37	1	18		23
23	80	11	90	4	76	2	38	1	19		23
23	85	11	92	4	77	2	38	1	19		23
23	90	11	95	4	78	2	39	1	19		23
23	95	11	97	4	79	2	39	1	19		23

De 24 francs à 24 francs 95 centimes l'hectolitre.

Hect. ou 100 Litres		Demi-Hect. ou 50 Litres		Doub^e Déca. ou 20 Litres		Déca. ou 10 Litres		Demi-Déca. ou 5 Litres		Litre ou 10 Décil.	
FR.	C.	FR.	C.	FR.	C.	FR.	C.	FR.	C.	FR.	C.
24	00	12	00	4	80	2	40	1	20		24
24	05	12	02	4	81	2	40	1	20		24
24	10	12	05	4	82	2	41	1	20		24
24	15	12	07	4	83	2	41	1	20		24
24	20	12	10	4	84	2	42	1	21		24
24	25	12	12	4	85	2	42	1	21		24
24	30	12	15	4	86	2	43	1	21		24
24	35	12	17	4	87	2	43	1	21		24
24	40	12	20	4	88	2	44	1	22		24
24	45	12	22	4	89	2	44	1	22		24
24	50	12	25	4	90	2	45	1	22		24
24	55	12	27	4	91	2	45	1	22		24
24	60	12	30	4	92	2	46	1	23		24
24	65	12	32	4	93	2	46	1	23		24
24	70	12	35	4	94	2	47	1	23		24
24	75	12	37	4	95	2	47	1	23		24
24	80	12	40	4	96	2	48	1	24		24
24	85	12	42	4	97	2	48	1	24		24
24	90	12	45	4	98	2	49	1	24		24
24	95	12	47	4	99	2	49	1	24		24

De 25 francs à 25 francs 95 centimes l'hectolitre.

Hect. ou 100 Litres		Demi-Hect. ou 50 Litres		Doub^e Déca. ou 20 Litres		Déca. ou 10 Litres		Demi-Déca. ou 5 Litres		Litre ou 10 Décil.	
FR.	C.	FR.	C.	FR.	C.	FR.	C.	FR.	C.	FR.	C.
25	00	12	50	5	00	2	50	1	25		25
25	05	12	52	5	01	2	50	1	25		25
25	10	12	55	5	02	2	51	1	25		25
25	15	12	57	5	03	2	51	1	25		25
25	20	12	60	5	04	2	52	1	26		25
25	25	12	62	5	05	2	52	1	26		25
25	30	12	65	5	06	2	53	1	26		25
25	35	12	67	5	07	2	53	1	26		25
25	40	12	70	5	08	2	54	1	27		25
25	45	12	72	5	09	2	54	1	27		25
25	50	12	75	5	10	2	55	1	27		25
25	55	12	77	5	11	2	55	1	27		25
25	60	12	80	5	12	2	56	1	28		25
25	65	12	82	5	13	2	56	1	28		25
25	70	12	85	5	14	2	57	1	28		25
25	75	12	87	5	15	2	57	1	28		25
25	80	12	90	5	16	2	58	1	29		25
25	85	12	92	5	17	2	58	1	29		25
25	90	12	95	5	18	2	59	1	29		25
25	95	12	97	5	19	2	59	1	29		25

De 26 francs à 26 francs 95 centimes l'hectolitre.

Hect. ou 100 Litres		Demi-Hect. ou 50 Litres		Doub^e Déca. ou 20 Litres		Déca. ou 10 Litres		Demi-Déca. ou 5 Litres		Litre ou 10 Décil.	
FR.	C.	FR.	C.	FR.	C.	FR.	C.	FR.	C.	FR.	C
26	00	13	00	5	20	2	60	1	30		26
26	05	13	02	5	21	2	60	1	30		26
26	10	13	05	5	22	2	61	1	30		26
26	15	13	07	5	23	2	61	1	30		26
26	20	13	10	5	24	2	62	1	31		26
26	25	13	12	5	25	2	62	1	31		26
26	30	13	15	5	26	2	63	1	31		26
26	35	13	17	5	27	2	63	1	31		26
26	40	13	20	5	28	2	64	1	32		26
26	45	13	22	5	29	2	64	1	32		26
26	50	13	25	5	30	2	65	1	32		26
26	55	13	27	5	31	2	65	1	32		26
26	60	13	30	5	32	2	66	1	33		26
26	65	13	32	5	33	2	66	1	33		26
26	70	13	35	5	34	2	67	1	33		26
26	75	13	37	5	35	2	67	1	33		26
26	80	13	40	5	36	5	68	1	34		26
26	85	13	42	5	37	2	68	1	34		26
26	90	13	45	5	38	2	69	1	34		26
26	95	13	47	5	39	2	69	1	34		26

De 27 francs à 27 francs 95 centimes l'hectolitre.

Hect. ou 100 Litres		Demi-Hect. ou 50 Litres		Doub^e Déca. ou 20 Litres		Déca. ou 10 Litres		Demi-Déca. ou 5 Litres		Litre ou 10 Décil.	
FR.	C.	FR.	C.	FR.	C.	FR.	C.	FR.	C.	FR.	C.
27	00	13	50	5	40	2	70	1	35		27
27	05	13	52	5	41	2	70	1	35		27
27	10	13	55	5	42	2	71	1	35		27
27	15	13	57	5	43	2	71	1	35		27
27	20	13	60	5	44	2	72	1	36		27
27	25	13	62	5	45	2	72	1	36		27
27	30	13	65	5	46	2	73	1	36		27
27	35	13	67	5	47	2	73	1	36		27
27	40	13	70	5	48	2	74	1	37		27
27	45	13	72	5	49	2	74	1	37		27
27	50	13	75	5	50	2	75	1	37		27
27	55	13	77	5	51	2	75	1	37		27
27	60	13	80	5	52	2	76	1	38		27
27	65	13	82	5	53	2	76	1	38		27
27	70	13	85	5	54	2	77	1	38		27
27	75	13	87	5	55	2	77	1	38		27
27	80	13	90	5	56	2	78	1	39		27
27	85	13	92	5	57	2	78	1	39		27
27	90	13	95	5	58	2	79	1	39		27
27	95	13	97	5	59	2	79	1	39		27

De 28 francs à 28 francs 95 centimes l'hectolitre.

Hect. ou 100 Litres	Demi-Hect. ou 50 Litres	Doubᵉ Déca. ou 20 Litres	Déca. ou 10 Litres	Demi-Déca. ou 5 Litres	Litre ou 10 Décil.
FR. C.	FR. C.	FR. C.	FR. C.	FR. C.	FR. C.
28 00	14 00	5 60	2 80	1 40	28
28 05	14 02	5 61	2 80	1 40	28
28 10	14 05	5 62	2 81	1 40	28
28 15	14 07	5 63	2 81	1 40	28
28 20	14 10	5 64	2 82	1 41	28
28 25	14 12	5 65	2 82	1 41	28
28 30	14 15	5 66	2 83	1 41	28
28 35	14 17	5 67	2 83	1 41	28
28 40	14 20	5 68	2 84	1 42	28
28 45	14 22	5 69	2 84	1 42	28
28 50	14 25	5 70	2 85	1 42	28
28 55	14 27	5 71	2 85	1 42	28
28 60	14 30	5 72	2 86	1 43	28
28 65	14 32	5 73	2 86	1 43	28
28 70	14 35	5 74	2 87	1 43	28
28 75	14 37	5 75	2 87	1 43	28
28 80	14 40	5 76	2 88	1 44	28
28 85	14 42	5 77	2 88	1 44	28
28 90	14 45	5 78	2 89	1 44	28
28 95	14 47	5 79	2 89	1 44	28

De 29 francs à 29 francs 95 centimes l'hectolitre.

Hect. ou 100 Litres		Demi-Hect. ou 50 Litres		Doubᵉ Déca. ou 20 Litres		Déca. ou 10 Litres		Demi-Déca. ou 5 Litres		Litre ou 10 Décil.	
FR.	C.	FR.	C.	FR.	C.	FR.	C.	FR.	C.	FR.	C.
29	00	19	50	5	80	2	90	1	45		29
29	05	19	52	5	81	2	90	1	45		29
29	10	19	55	5	82	2	91	1	45		29
29	15	19	57	5	83	2	91	1	45		29
29	20	19	60	5	84	2	92	1	46		29
29	25	19	62	5	85	2	92	1	46		29
29	30	19	65	5	86	2	93	1	46		29
29	35	19	67	5	87	2	93	1	46		29
29	40	19	70	5	88	2	94	1	47		29
29	45	19	72	5	89	2	94	1	47		29
29	50	19	75	5	90	2	95	1	47		29
29	55	19	77	5	91	2	95	1	47		29
29	60	19	80	5	92	2	96	1	48		29
29	65	19	82	5	93	2	96	1	48		29
29	70	19	85	5	94	2	97	1	48		29
29	75	19	87	5	95	2	97	1	48		29
29	80	19	90	5	96	2	98	1	49		29
29	85	19	92	5	97	2	98	1	49		29
29	90	19	95	5	98	2	99	1	49		29
29	95	19	97	5	99	2	99	1	49		29

De 30 francs à 30 francs 95 centimes l'hectolitre.

Hect. ou 100 Litres		Demi-Hect. ou 50 Litres		Doub^e Déca. ou 20 Litres		Déca. ou 10 Litres		Demi-Déca. ou 5 Litres		Litre ou 10 Décil.	
FR.	C.	FR.	C.	FR.	C.	FR.	C.	FR.	C.	FR.	C.
30	00	15	00	6	00	3	00	1	50		30
30	05	15	02	6	01	3	00	1	50		30
30	10	15	05	6	02	3	01	1	50		30
30	15	15	07	6	03	3	01	1	50		30
30	20	15	10	6	04	3	02	1	51		30
30	25	15	12	6	05	3	02	1	51		30
30	30	15	15	6	06	3	03	1	51		30
30	35	15	17	6	07	3	03	1	51		30
30	40	15	20	6	08	3	04	1	52		30
30	45	13	22	6	09	3	04	1	52		30
30	50	15	25	6	10	3	05	1	52		30
30	55	15	27	6	11	3	05	1	52		30
30	60	15	30	6	12	3	06	1	53		30
30	65	15	32	6	13	3	06	1	53		30
30	70	15	35	6	14	3	07	1	53		30
30	75	15	37	6	15	3	07	1	53		30
30	80	13	40	6	16	3	08	1	54		30
30	85	15	42	6	17	3	08	1	54		30
30	90	15	45	6	18	3	09	1	54		30
30	95	15	47	6	19	3	09	1	54		30

De 31 francs à 31 francs 95 centimes l'hectolitre.

Hect. ou 100 Litres		Demi-Hect. ou 50 Litres		Doub[e] Déca. ou 20 Litres		Demi-Déca. ou 10 Litres		Déca. ou 5 Litres		Litre ou 10 Décil.	
FR.	C.	FR.	C.	FR.	C.	FR.	C.	FR.	C.	FR.	C.
31	00	15	50	6	20	3	10	1	55		31
31	05	15	52	6	21	3	10	1	55		31
31	10	15	55	6	22	3	11	1	55		31
31	15	15	57	6	23	3	11	1	55		31
31	20	15	60	6	24	3	12	1	56		31
31	25	15	62	6	25	3	12	1	56		31
31	30	15	65	6	26	3	13	1	56		31
31	35	15	67	6	27	3	13	1	56		31
31	40	15	70	6	28	3	14	1	57		31
31	45	15	72	6	29	3	14	1	57		31
31	50	15	75	6	30	3	15	1	57		31
31	55	15	77	6	31	3	15	1	57		31
31	60	15	80	6	32	3	16	1	58		31
31	65	15	82	6	33	3	16	1	58		31
31	70	15	85	6	34	3	17	1	58		31
31	75	15	87	6	35	3	17	1	58		31
31	80	15	90	6	36	3	18	1	59		31
31	85	15	92	6	37	3	18	1	59		31
31	90	15	95	6	38	3	19	1	59		31
31	95	15	97	6	39	3	19	1	59		31

De 32 francs à 32 francs 95 centimes l'hectolitre.

Hect. ou 100 Litres		Demi-Hect. ou 50 Litres		Doub^e Déca. ou 20 Litres		Déca. ou 10 Litres		Demi-Déca. ou 5 Litres		Litre ou 10 Décil.	
FR.	C.	FR.	C.	FR.	C.	FR.	C.	FR.	C.	FR.	C.
32	00	16	00	6	40	3	20	1	60		32
32	05	16	02	6	41	3	20	1	60		32
32	10	16	05	6	42	3	21	1	60		32
32	15	16	07	6	43	3	21	1	60		32
32	20	16	10	6	44	3	22	1	61		32
32	25	16	12	6	45	3	22	1	61		32
32	30	16	15	6	46	3	23	1	61		32
32	35	16	17	6	47	3	23	1	61		32
32	40	16	20	6	48	3	24	1	62		32
32	45	16	22	6	49	3	24	1	62		32
32	50	16	25	6	50	3	25	1	62		32
32	55	16	27	6	51	3	25	1	62		32
32	60	16	30	6	52	3	26	1	63		32
32	65	16	32	6	53	3	26	1	63		32
32	70	16	35	6	54	3	27	1	63		32
32	75	16	37	6	55	3	27	1	63		32
32	80	16	40	6	56	3	28	1	64		32
32	85	16	42	6	57	3	28	1	64		32
32	90	16	45	6	58	3	29	1	64		32
32	95	16	47	6	59	3	29	1	64		32

De 33 francs à 33 francs 95 centimes l'hectolitre.

Hect. ou 100 Litres		Demi-Hect. ou 50 Litres		Doub^e Déca. ou 20 Litres		Déca. ou 10 Litres		Demi-Déca. ou 5 Litres		Litre ou 10 Décil.	
FR.	C.	FR.	C.	FR.	C.	FR.	C.	FR.	C.	FR.	C.
33	00	16	50	6	60	3	30	1	65		33
33	05	16	52	6	61	3	30	1	65		33
33	10	16	55	6	62	3	31	1	65		33
33	15	16	57	6	63	3	31	1	65		33
33	20	16	60	6	64	3	32	1	66		33
33	25	16	62	6	65	3	32	1	66		33
33	30	16	65	6	66	3	33	1	66		33
33	35	16	67	6	67	3	33	1	66		33
33	40	16	70	6	68	3	34	1	67		33
33	45	16	72	6	69	3	34	1	67		33
33	50	16	75	6	70	3	35	1	67		33
33	55	16	77	6	71	3	35	1	67		33
33	60	16	80	6	72	3	36	1	68		33
33	65	16	82	6	73	3	36	1	68		33
33	70	16	85	6	74	3	37	1	68		33
33	75	16	87	6	75	3	37	1	68		33
33	80	16	90	6	76	3	38	1	69		33
33	85	16	92	6	77	3	38	1	69		33
33	90	16	95	6	78	3	39	1	69		33
33	95	16	97	6	79	3	39	1	69		33

De 34 francs à 34 francs 95 centimes l'hectolitre.

Hect. ou 100 Litres		Demi-Hect. ou 50 Litres		Doub^e Déca. ou 20 Litres		Déca. ou 10 Litres		Demi-Déca. ou 5 Litres		Litre ou 10 Décil.	
FR.	C.	FR.	C.	FR.	C.	FR.	C.	FR.	C.	FR.	C.
34	00	17	00	6	80	3	40	1	70		34
34	05	17	02	6	81	3	40	1	70		34
34	10	17	05	6	82	3	41	1	70		34
34	15	17	07	6	83	3	41	1	70		34
34	20	17	10	6	84	3	42	1	71		34
34	25	17	12	6	85	3	42	1	71		34
34	30	17	15	6	86	3	43	1	71		34
34	35	17	17	6	87	3	43	1	71		34
34	40	17	20	6	88	3	44	1	72		34
34	45	17	22	6	89	3	44	1	72		34
34	50	17	25	6	90	3	45	1	72		34
34	55	17	27	6	91	3	45	1	72		34
34	60	17	30	6	92	3	46	1	73		34
34	65	17	32	6	93	3	46	1	73		34
34	70	17	35	6	94	3	47	1	73		34
34	75	17	37	6	95	3	47	1	73		34
34	80	17	40	6	96	3	48	1	74		34
34	85	17	42	6	97	3	48	1	74		34
34	90	17	45	6	98	3	49	1	74		34
34	95	17	47	6	99	3	49	1	74		34

De 35 francs à 35 francs 95 centimes l'hectolitre.

Hect. ou 100 Litres		Demi-Hect. ou 50 Litres		Doub^e Déca. ou 20 Litres		Déca. ou 10 Litres		Demi-Déca. ou 5 Litres		Litre ou 10 Décil.	
FR.	C.	FR.	C.	FR.	C.	FR.	C.	FR.	C.	FR.	C.
35	00	17	50	7	00	3	50	1	75		35
35	05	17	52	7	01	3	50	1	75		35
35	10	17	55	7	02	3	51	1	75		35
35	15	17	57	7	03	3	51	1	75		35
35	20	17	60	7	04	3	52	1	76		35
35	25	17	62	7	05	3	52	1	76		35
35	30	17	65	7	06	3	53	1	76		35
35	35	17	67	7	07	3	53	1	76		35
35	40	17	70	7	08	3	54	1	77		35
35	45	17	72	7	09	3	54	1	77		35
35	50	17	75	7	10	3	55	1	77		35
35	55	17	77	7	11	3	55	1	77		35
35	60	17	80	7	12	3	56	1	78		35
35	65	17	82	7	13	3	56	1	78		35
35	70	17	85	7	14	3	57	1	78		35
35	75	17	87	7	15	3	57	1	78		35
35	80	17	90	7	16	3	58	1	79		35
35	85	17	92	7	17	3	58	1	79		35
35	90	17	95	7	18	3	59	1	79		35
35	95	17	97	7	19	3	59	1	79		35

De 36 francs à 36 francs 95 centimes l'hectolitre.

Hect. ou 100 Litres		Demi-Hect. ou 50 Litres		Doub^e Déca. ou 20 Litres		Déca. ou 10 Litres		Demi-Déca. ou 5 Litres		Litre ou 10 Décil.	
FR.	C.	FR.	C.	FR.	C.	FR.	C.	FR.	C.	FR.	C.
36	00	18	00	7	20	3	60	1	80		36
36	05	18	02	7	21	3	60	1	80		36
36	10	18	05	7	22	3	61	1	80		36
36	15	18	07	7	23	3	61	1	80		36
36	20	18	10	7	24	3	62	1	81		36
36	25	18	12	7	25	3	62	1	81		36
36	30	18	15	7	26	3	63	1	81		36
36	35	18	17	7	27	3	63	1	81		36
36	40	18	20	7	28	3	64	1	82		36
36	45	18	22	7	29	3	64	1	82		36
36	50	18	25	7	30	3	65	1	82		36
36	55	18	27	7	31	3	65	1	82		36
36	60	18	30	7	32	3	66	1	83		36
36	65	18	32	7	33	3	66	1	83		36
36	70	18	35	7	34	3	67	1	83		36
36	75	18	37	7	35	3	67	1	83		36
36	80	18	40	7	36	3	68	1	84		36
36	85	18	42	7	37	3	68	1	84		36
36	90	18	45	7	38	3	69	1	84		36
36	95	18	47	7	39	3	69	1	84		36

De 37 francs à 37 francs 95 centimes l'hectolitre.

Hect. ou 100 Litres		Demi-Hect. ou 50 Litres		Doubᵉ Déca. ou 20 Litres		Déca. ou 10 Litres		Demi-Déca. ou 5 Litres		Litre ou 10 Décil.	
FR.	C.	FR.	C.	FR.	C.	FR.	C.	FR.	C.	FR.	C.
37	00	18	50	7	40	3	70	1	85		37
37	05	18	52	7	41	3	70	1	85		37
37	10	18	55	7	42	3	71	1	85		37
37	15	18	57	7	43	3	71	1	85		37
37	20	18	60	7	44	3	72	1	86		37
37	25	18	62	7	45	3	72	1	86		37
37	30	18	65	7	46	3	73	1	86		37
37	35	18	67	7	47	3	73	1	86		37
37	40	18	70	7	48	3	74	1	87		37
37	45	18	72	7	49	3	74	1	87		37
37	50	18	75	7	50	3	75	1	87		37
37	55	18	77	7	51	3	75	1	87		37
37	60	18	80	7	52	3	76	1	88		37
37	65	18	82	7	53	3	76	1	88		37
37	70	18	85	7	54	3	77	1	88		37
37	75	18	87	7	55	3	77	1	88		37
37	80	18	90	7	56	3	78	1	89		37
37	85	18	92	7	57	3	78	1	89		37
37	90	18	95	7	58	3	79	1	89		37
37	95	18	97	7	59	3	79	1	89		37

De 38 francs à 38 francs 95 centimes l'hectolitre.

Hect. ou 100 Litres		Demi-Hect. ou 50 Litres		Doub^e Déca. ou 20 Litres		Déca. ou 10 Litres		Demi-Déca. ou 5 Litres		Litre ou 10 Décil.	
FR.	C.	FR.	C.	FR.	C.	FR.	C.	FR.	C.	FR.	C.
38	00	19	00	7	60	3	80	1	90		38
38	05	19	02	7	61	3	80	1	90		38
38	10	19	05	7	62	3	81	1	90		38
38	15	19	07	7	63	3	81	1	90		38
38	20	19	10	7	64	3	82	1	91		38
38	25	19	12	7	65	3	82	1	91		38
38	30	19	15	7	66	3	83	1	91		38
38	35	19	17	7	67	3	83	1	91		38
38	40	19	20	7	68	3	84	1	92		38
38	45	19	22	7	69	3	84	1	92		38
38	50	19	25	7	70	3	85	1	92		38
38	55	19	27	7	71	3	85	1	92		38
38	60	19	30	7	72	3	86	1	93		38
38	65	19	32	7	73	3	86	1	93		38
38	70	19	35	7	74	3	87	1	93		38
38	75	19	37	7	75	3	87	1	93		38
38	80	19	40	7	76	3	88	1	94		38
38	85	19	42	7	77	3	88	1	94		38
38	90	19	45	7	78	3	89	1	94		38
38	95	19	47	7	79	3	89	1	94		38

De 39 francs à 39 francs 95 centimes l'hectolitre.

Hect. ou 100 Litres		Demi-Hect. ou 50 Litres		Doub^e Déca. ou 20 Litres		Demi-Déca. ou 10 Litres		Déca. ou 5 Litres		Litre ou 10 Décil.	
FR.	C.	FR.	C.	FR.	C.	FR.	C.	FR.	C.	FR.	C.
39	00	19	50	7	80	3	90	1	95		39
39	05	19	52	7	81	3	90	1	95		39
39	10	19	55	7	82	3	91	1	95		39
39	15	19	57	7	83	3	91	1	95		39
39	20	19	60	7	84	3	92	1	96		39
39	25	19	62	7	85	3	92	1	96		39
39	30	19	65	7	86	3	93	1	96		39
39	35	19	67	7	87	3	93	1	96		39
39	40	19	70	7	88	3	94	1	97		39
39	45	19	72	7	89	3	94	1	97		39
39	50	19	75	7	90	3	95	1	97		39
39	55	19	77	7	91	3	95	1	97		39
39	60	19	80	7	92	3	96	1	98		39
39	65	19	82	7	93	3	96	1	98		39
39	70	19	85	7	94	3	97	1	98		39
39	75	19	87	7	95	3	97	1	98		39
39	80	19	90	7	96	3	98	1	99		39
39	85	19	92	7	97	3	98	1	99		39
39	90	19	95	7	98	3	99	1	99		39
39	95	19	97	7	99	3	99	1	99		39

De 40 francs à 40 francs 95 centimes l'hectolitre.

Hect. ou 100 Litres		Demi-Hect. ou 50 Litres		Doub^e Déca. ou 20 Litres		Déca. ou 10 Litres		Demi-Déca. ou 5 Litres		Litre ou 10 Décil.	
FR.	C.	FR.	C.	FR.	C.	FR.	C.	FR.	C.	FR.	C.
40	00	20	00	8	00	4	00	2	00		40
40	05	20	02	8	01	4	00	2	00		40
40	10	20	05	8	02	4	01	2	00		40
40	15	20	07	8	03	4	01	2	00		40
40	20	20	10	8	04	4	02	2	01		40
40	25	20	12	8	05	4	02	2	01		40
40	30	20	15	8	06	4	03	2	01		40
40	35	20	17	8	07	4	03	2	01		40
40	40	20	20	8	08	4	04	2	02		40
40	45	20	22	8	09	4	04	2	02		40
40	50	20	25	8	10	4	05	2	02		40
40	55	20	27	8	11	4	05	2	02		40
40	60	20	30	8	12	4	06	2	03		40
40	65	20	32	8	13	4	06	2	03		40
40	70	20	35	8	14	4	07	2	03		40
40	75	20	37	8	15	4	07	2	03		40
40	80	20	40	8	16	4	08	2	04		40
40	85	20	42	8	17	4	08	2	04		40
40	90	20	45	8	18	4	09	2	04		40
40	95	20	47	8	19	4	09	2	04		40

De 41 francs à 41 francs 95 centimes l'hectolitre.

Hect. ou 100 Litres	Demi-Hect. ou 50 Litres	Doub[e] Déca. ou 20 Litres	Déca. ou 10 Litres	Demi-Déca. ou 5 Litres	Litre ou 10 Décil.
FR. C.	FR. C.	FR. C.	FR. C.	FR. C.	FR. C.
41 00	20 50	8 20	4 10	2 05	41
41 05	20 52	8 21	4 10	2 05	41
41 10	20 55	8 22	4 11	2 05	41
41 15	20 57	8 23	4 11	2 05	41
41 20	20 60	8 24	4 12	2 06	41
41 25	20 62	8 25	4 12	2 06	41
41 30	20 65	8 26	4 13	2 06	41
41 35	20 67	8 27	4 13	2 06	41
41 40	20 70	8 28	4 14	2 07	41
41 45	20 72	8 29	4 14	2 07	41
41 50	20 75	8 30	4 15	2 07	41
41 55	20 77	8 31	4 15	2 07	41
41 60	20 80	8 32	4 16	2 08	41
41 65	20 82	7 33	4 16	2 08	41
41 70	20 85	8 34	4 17	2 08	41
41 75	20 87	8 35	4 17	2 08	41
41 80	20 90	8 36	4 18	2 09	41
41 85	20 92	8 37	4 18	2 09	41
41 90	20 95	8 38	4 19	2 09	41
41 95	20 97	8 39	4 19	2 09	41

De 42 francs à 42 francs 95 centimes l'hectolitre.

Hect. ou 100 Litres		Demi-Hect. ou 50 Litres		Doub^e Déca. ou 20 Litres		Déca. ou 10 Litres		Demi-Déca. ou 5 Litres		Litre ou 10 Décil.	
FR.	C.	FR.	C.	FR.	C.	FR.	C.	FR.	C.	FR.	C
42	00	21	00	8	40	4	20	2	10		42
42	05	21	02	8	41	4	20	2	10		42
42	10	21	05	8	42	4	21	2	10		42
42	15	21	07	8	43	4	21	2	10		42
42	20	21	10	8	44	4	22	2	11		42
42	25	21	12	8	45	4	22	2	11		42
42	30	21	15	8	46	4	23	2	11		42
42	35	21	17	8	47	4	23	2	11		42
42	40	21	20	8	48	4	24	2	12		42
42	45	21	22	8	49	4	24	2	12		42
42	50	21	25	8	50	4	25	2	12		42
42	55	21	27	8	51	4	25	2	12		42
42	60	21	30	8	52	4	26	2	13		42
42	65	21	32	8	53	4	26	2	13		42
42	70	21	35	8	54	4	27	2	13		42
42	75	21	37	8	55	4	27	2	13		42
42	80	21	40	8	56	4	28	2	14		42
42	85	21	42	8	57	4	28	2	14		42
42	90	21	45	8	58	4	29	2	14		42
42	95	21	47	8	59	4	29	2	14		42

De 43 francs à 43 francs 95 centimes l'hectolitre.

Hect. ou 100 Litres		Demi-Hect. ou 50 Litres		Doub^e Déca. ou 20 Litres		Déca. ou 10 Litres		Demi-Déca. ou 5 Litres		Litre ou 10 Décil.	
FR.	C.	FR.	C.	FR.	C.	FR.	C.	FR.	C.	FR.	C.
43	00	21	50	8	60	4	30	2	15		43
43	05	21	52	8	61	4	30	2	15		43
43	10	21	55	8	62	4	31	2	15		43
43	15	21	57	8	63	4	31	2	15		43
43	20	21	60	8	64	4	32	2	16		43
43	25	21	62	8	65	4	32	2	16		43
43	30	21	65	8	66	4	33	2	16		43
43	35	21	67	8	67	3	33	2	16		43
43	40	21	70	8	68	4	34	2	17		43
43	45	21	72	8	69	4	34	2	17		43
43	50	21	75	8	70	4	35	2	17		43
43	55	21	77	8	71	4	35	2	17		43
43	60	21	80	8	72	4	36	2	18		43
43	65	21	82	8	73	4	36	2	18		43
43	70	21	85	8	74	4	37	2	18		43
43	75	21	87	8	75	4	37	2	18		43
43	80	21	90	8	76	4	38	2	19		43
43	85	21	92	8	77	4	38	2	19		43
43	90	21	95	8	78	4	39	2	19		43
43	95	21	97	8	79	4	39	2	19		43

De 44 francs à 44 francs 95 centimes l'hectolitre.

Hect. ou 100 Litres		Demi-Hect. ou 50 Litres		Doub^e Déca. ou 20 Litres		Déca. ou 10 Litres		Demi-Déca. ou 5 Litres		Litre ou 10 Décil.	
FR.	C.	FR.	C.	FR.	C.	FR.	C.	FR.	C.	FR.	C.
44	00	22	00	8	80	4	40	2	20		44
44	05	22	02	8	81	4	40	2	20		44
44	10	22	05	8	82	4	41	2	20		44
44	15	22	07	8	83	4	41	2	20		44
44	20	22	10	8	84	4	42	2	21		44
44	25	22	12	8	85	4	42	2	21		44
44	30	22	15	8	86	4	43	2	21		44
44	35	22	17	8	87	4	43	2	21		44
44	40	22	20	8	88	4	44	2	22		44
44	45	22	22	8	89	4	44	2	22		44
44	50	22	25	8	90	4	45	2	22		44
44	55	22	27	8	91	4	45	2	22		44
44	60	22	30	8	92	4	46	2	23		44
44	65	22	32	8	93	4	46	2	23		44
44	70	22	35	8	94	4	47	2	23		44
44	75	22	37	8	95	4	47	2	23		44
44	80	22	40	8	96	4	48	2	24		44
44	85	22	42	8	97	4	48	2	24		44
44	90	22	45	8	98	4	49	2	24		44
44	95	22	47	8	99	4	49	2	24		44

De 45 francs à 45 francs 95 centimes l'hectolitre.

Hect. ou 100 Litres	Demi-Hect. ou 50 Litres	Doub^e Déca. ou 20 Litres	Déca. ou 10 Litres	Demi-Déca. ou 5 Litres	Litre ou 10 Décil.
FR. C.	FR. C.	FR. C.	FR. C.	FR. C.	FR. C.
45 00	22 50	9 00	4 50	2 25	45
45 05	22 52	9 01	4 50	2 25	45
45 10	22 55	9 02	4 51	2 25	45
45 15	22 57	9 03	4 51	2 25	45
45 20	22 60	9 04	4 52	2 26	45
45 25	22 62	9 05	4 52	2 26	45
45 30	22 65	9 06	4 53	2 26	45
45 35	22 67	9 07	4 53	2 26	45
45 40	22 70	9 08	4 54	2 27	45
45 45	22 72	9 09	4 54	2 27	45
45 50	22 75	9 10	4 55	2 27	45
45 55	22 77	9 11	4 55	2 27	45
45 60	22 80	9 12	4 56	2 28	45
45 65	22 82	9 13	4 56	2 28	45
45 70	22 85	9 14	4 57	2 28	45
45 75	22 87	9 15	4 57	2 28	45
45 80	22 90	9 16	4 58	2 29	45
45 85	22 92	9 17	4 58	2 29	45
45 90	22 95	9 18	4 59	2 29	45
45 95	22 97	9 19	4 59	2 29	45

De 46 francs à 46 francs 95 centimes l'hectolitre.

Hect. ou 100 Litres		Demi-Hect. ou 50 Litres		Doub^e Déca. ou 20 Litres		Déca. ou 10 Litres		Demi-Déca. ou 5 Litres		Litre ou 10 Décil.	
FR.	C.	FR.	C.	FR.	C.	FR.	C.	FR.	C.	FR.	C.
46	00	23	00	9	20	4	60	2	30		46
46	05	23	02	9	21	4	60	2	30		46
46	10	23	05	9	22	4	61	2	30		46
46	15	23	07	9	23	4	61	2	30		46
46	20	23	10	9	24	4	62	2	31		46
46	25	23	12	9	25	4	62	2	31		46
46	30	23	15	9	26	4	63	2	31		46
46	35	23	17	9	27	4	63	2	31		46
46	40	23	20	9	28	4	64	2	32		46
46	45	23	22	9	29	4	64	2	32		46
46	50	23	25	9	30	4	65	2	32		46
46	55	23	27	9	31	4	65	2	32		46
46	60	23	30	9	32	4	66	2	33		46
46	65	23	32	9	33	4	66	2	33		46
46	70	23	35	9	34	4	67	2	33		46
46	75	23	37	9	35	4	67	2	33		46
46	80	23	40	9	36	4	68	2	34		46
46	85	23	42	9	37	4	68	2	34		46
46	90	23	45	9	38	4	69	2	34		46
46	95	23	47	9	39	4	69	2	34		46

De 47 francs à 47 francs 95 centimes l'hectolitre.

Hect. ou 100 Litres		Demi-Hect. ou 50 Litres		Doub^e Déca. ou 20 Litres		Demi-Déca. ou 10 Litres		Déca. ou 5 Litres		Litre ou 10 Décil.	
FR.	C.	FR.	C.	FR.	C.	FR.	C.	FR.	C.	FR.	C.
47	00	23	50	9	40	4	70	2	35		47
47	05	23	52	9	41	4	70	2	35		47
47	10	23	55	9	42	4	71	2	35		47
47	15	23	57	9	43	4	71	2	35		47
47	20	23	60	9	44	4	72	2	36		47
47	25	23	62	9	45	4	72	2	36		47
47	30	23	65	9	46	4	73	2	36		47
47	35	23	67	9	47	4	73	2	36		47
47	40	23	70	9	48	4	74	2	37		47
47	45	23	72	9	49	4	74	2	37		47
47	50	23	75	9	50	4	75	2	37		47
47	55	23	77	9	51	4	75	2	37		47
47	60	23	80	9	52	4	76	2	38		47
47	65	23	82	9	53	4	76	2	38		47
47	70	23	85	9	54	4	77	2	38		47
47	75	23	87	9	55	4	77	2	38		47
47	80	23	90	9	56	4	78	2	39		47
47	85	23	92	9	57	4	78	2	39		47
47	90	23	95	9	58	4	79	2	39		47
47	95	23	97	9	59	4	79	2	39		47

De 48 francs à 48 francs 95 centimes l'hectolitre.

Hect. ou 100 Litres		Demi-Hect. ou 50 Litres		Doub^e Déca. ou 20 Litres		Déca. ou 10 Litres		Demi-Déca. ou 5 Litres		Litre ou 10 Décil.	
FR.	C.	FR.	C.	FR.	C.	FR.	C.	FR.	C.	FR.	C.
48	00	24	00	9	60	4	80	2	40		48
48	05	24	02	9	61	4	80	2	40		48
48	10	24	05	9	62	4	81	2	40		48
48	15	24	07	9	63	4	81	2	40		48
48	20	24	10	9	64	4	82	2	41		48
48	25	24	12	9	65	4	82	2	41		48
48	30	24	15	9	66	4	83	2	41		48
48	35	24	17	9	67	4	83	2	41		48
48	40	24	20	9	68	4	84	2	42		48
48	45	24	22	9	69	4	84	2	42		48
48	50	24	25	9	70	4	85	2	42		48
48	55	24	27	9	71	4	85	2	42		48
48	60	24	30	9	72	4	86	2	43		48
48	65	24	32	9	73	4	86	2	43		48
48	70	24	35	9	74	4	87	2	43		48
48	75	24	37	9	75	4	87	2	43		48
48	80	24	40	9	76	4	88	2	44		48
48	85	24	42	9	77	4	88	2	44		48
48	90	24	45	9	78	4	89	2	44		48
48	95	24	47	9	79	4	89	2	44		48

De 49 francs à 49 francs 95 centimes l'hectolitre.

Hect. ou 100 Litres		Demi-Hect. ou 50 Litres		Doub^e Déca. ou 20 Litres		Déca. ou 10 Litres		Demi-Déca. ou 5 Litres		Litre ou 10 Décil.	
FR.	C.	FR.	C.	FR.	C.	FR.	C.	FR.	C.	FR.	C.
49	00	24	50	9	80	4	90	2	45		49
49	05	24	52	9	81	4	90	2	45		49
49	10	24	55	9	82	4	91	2	45		49
49	15	24	57	9	83	4	91	2	45		49
49	20	24	60	9	84	4	92	2	46		49
49	25	24	62	9	85	4	92	2	46		49
49	30	24	65	9	86	4	93	2	46		49
49	35	24	67	9	87	4	93	2	46		49
49	40	24	70	9	88	4	94	2	47		49
49	45	24	72	9	89	4	94	2	47		49
49	50	24	75	9	90	4	95	2	47		49
49	55	24	77	9	91	4	95	2	47		49
49	60	24	80	9	92	4	96	2	48		49
49	65	24	82	9	93	4	96	2	48		49
49	70	24	85	9	94	4	97	2	48		49
49	75	24	87	9	95	4	97	2	48		49
49	80	24	90	9	96	4	98	2	49		49
49	85	24	92	9	97	4	98	2	49		49
49	90	24	95	9	98	4	99	2	49		49
49	95	24	97	9	99	4	99	2	49		49

Tableau des nouveaux Poids et Mesures.

NOMS.	VALEUR.
Poids.	
Double myriagramme.	20,000 grammes.
Myriagramme.	10,000 grammes.
Demi myriagramme.	5,000 grammes.
Double kilogramme.	2,000 grammes.
Kilogramme.	1,000 grammes.
Demi-kilogramme.	500 grammes.
Double hectogramme.	200 grammes.
Hectogramme.	100 grammec.
Demi-hectogramme.	50 grammes.
Double décagramme.	20 grammes.
Décagramme.	10 grammes.
Demi-décagramme.	5 grammes.
Double gramme.	20 décigrammes.
Gramme.	10 décigrammes.
Demi-gramme.	5 décigrammes.
Double décigramme.	20 centigrammes.
Décigramme.	10 centigrammes.
Demi-décigramme.	5 centigrammes.
Double centigramme.	20 milligrammes.
Centigramme.	10 milligrammes.
Demi-centigramme.	5 milligrammes.
Double milligramme.	2000e partie du gramme.
Milligramme.	1000e partie du gramme.
Demi-milligramme.	500e partie du gramme.
Mesures de longueur.	
Double Myriamètre.	20,000 mètres.

Tableau des nouveaux Poids et Mesures.

NOMS.	VALEUR.
Myriamètre.	10,000 mètres.
Double kilomètre.	2,000 mètres.
Kilomètre.	1,000 mètres,
Demi-kilomètre.	500 mètres.
Double hectomètre.	200 mètres.
Hectomètre.	100 mètres.
Demi-hectomètre.	50 mètres.
Double décamètre.	20 mètres.
Décamètre.	10 mètres.
Demi-décamètre.	5 mètres.
Double mètre.	20 décimètres.
Mètre.	10 décimètres.
Demi-mètre.	5 décimètres.
Double décimètre.	20 centimètres.
Décimètre.	10 centimètres.
Demi-décimètre.	5 centimètres.
Double centimètre.	20 millimètres.
Centimètre.	10 millimètres.
Demi-centimètre.	5 millimètres.
Double millimètre.	2,000e partie du mètre.
Millimètre.	1,000e partie du mètre.
Demi-millimètre.	500e partie du mètre.
Mesures de superficie.	
Double myriare.	20,000 ares.
Myriare.	10,000 ares.
Demi-myriare.	5,000 ares.
Double kiliare.	2,000 ares.

Tableau des nouveaux Poids et Mesures.

NOMS.	VALEUR.
Kiliare.	1,000 ares.
Demi-kiliare.	500 ares.
Double hectare.	200 ares.
Hectare.	100 ares.
Demi-hectare.	50 ares.
Double décare.	20 ares.
Décare.	10 ares.
Demi-décare.	5 ares.
Double are.	200 centiares.
Are.	100 centiares.
Demi-are.	50 centiares.
Double déciare.	20e partie de l'are.
Déciare.	10e partie de l'are.
Demi-déciare.	5e partie de l'are.
Centiare ou mètre carré.	100e partie de l'are.
Milliare.	1000e partie de l'are.
Mesures de solidité.	
Double myriastère.	20,000 stères.
Myriastère.	10,000 stères.
Demi-myriastère.	5,000 stères.
Double kilostère.	2,000 stères.
Kilostère.	1,000 stères.
Demi-kilostère.	500 stères.
Double hectostère.	200 stères.
Hectostère.	100 stères.
Double décastère.	20 stères.
Décastère.	10 stères.

Tableau des nouveaux Poids et Mesures.

NOMS.	VALEUR.
Demi-décastère.	5 stères.
Stère ou mètre cube.	10 décistères.
Demi-stère.	5 décistères.
Décistère.	10ᵉ du stère.
Centistère.	100ᵉ du stère.
Millistère.	1,000ᵉ du stère.
Mesures de capacité.	
Double myrialitre.	20,000 litres.
Myrialitre.	10,000 litres.
Demi-myrialitre.	5,000 litres.
Double kilolitre.	2,000 litres.
Kilolitre.	1,000 litres.
Demi-kilolitre.	500 litres.
Double hectolitre.	200 litres.
Hectolitre.	100 litres.
Demi-hectolitre.	50 litres.
Double décalitre.	20 litres.
Décalitre.	10 litres.
Demi-décalitre.	5 litres.
Double litre.	20 décilitres.
Litre.	10 décilitres.
Demi-litre.	5 décilitres.
Double décilitre.	20 centilitres.
Décilitre.	10 centilitres.
Demi-décilitre.	5 centilitres.
Double centilitre.	100ᵉ partie du litre.
Centilitre.	100ᵉ partie du litre.
Demi-centilitre.	50ᵉ partie du litre.

Tableau de 60 chiffres à énumérer.

Nonilliards, Octilliards, Septilliards, Sextilliards,
254, 895, 777, 888,
Quintilliards, Quatrilliards, Trilliards, Billiards,
111, 222, 333, 444,
Milliards, Nonillions, Octillions, Septillions,
555, 666, 777, 888,
Sextillions, Quintillions, Quartillions, Trillions,
999, 124, 756, 234,
Billions, Millions, Mille, Unités.
279, 804, 200, 847.

Voici l'énumération des 60 chiffres.

254, 895, 777, 888, 111, 222, 333, 444, 555, 666, 777, 888, 999, 124, 756, 234, 279, 804, 200, 847.

Deux cent cinquante-quatre Nonilliards, huit cent quatre-vingt-quinze Octilliards, sept cents soixante-dix-sept Septilliards, huit cent quatre-vingt huit Sextilliards, Cent onze Quintilliards, Deux cent vingt-deux Quatrilliards, trois cent trente-trois Trilliards, quatre cent quarante-quatre Billiards, cinq cent cinquante-cinq Milliards, six cent soixante-six Nonillions, sept cent soixante-dix-sept Octillions, huit cent quatre-vingt-huit Septillions, neuf cent quatre-vingt-dix-neuf Sextillions, cent vingt-quatre Quintillions, sept cent cinquante-six Quatrillions, deux cent trente-quatre Trillions, deux cent soixante dix-neuf Billions, huit cent quatre Millions, deux cent Mille, huit cent quarante-sept Unités (ou francs et centimes.)

Mes amis conservez votre santé,
Instruisez-vous de vos droits,
Obéissez aux lois si vous voulez votre repos,
Vivez pour vos confrères, afin qu'ils vivent pour vous procurer le bonheur.

Ne reprochez jamais à personne son malheur, car les chances du sort sont communes, et l'avenir est invisible, vous ne savez ce qui vous arrivera aujourd'hui.

La liberté est l'âme de tout.

Tout homme qui possède des talents et qui les procure à ses semblables, doit être protégé.

L'homme projette tous les jours, et souvent il meurt sans jouir de ses projets, il vaudrait mieux qu'il en fît peu et de bons, et les exécutât pour son repos.

Dans toutes choses c'est la fin qui couronne l'œuvre.

J. P. HERBIN.

Fin.

www.ingramcontent.com/pod-product-compliance
Ingram Content Group UK Ltd.
Pitfield, Milton Keynes, MK11 3LW, UK
UKHW020959180726
13838UKWH00003B/1393

9 782329 420691